PUBLICATIONS DU JOURNAL DES SCIENCES MÉDICALES DE LILLE.

ÉTUDES TÉRATOLOGIQUES.

MÉMOIRE
SUR UN
FŒTUS DÉRENCÉPHALE

(de la famille des Anencéphaliens),

PAR

LE DOCTEUR G. EUSTACHE,
Professeur de clinique chirurgicale à la Faculté libre de Médecine de Lille,
Chirurgien en chef de l'hôpital Sainte-Eugénie,
Ex-professeur agrégé à la Faculté de Médecine de Montpellier, etc.

PARIS,
LIBRAIRIE J.-B. BAILLIERE ET FILS,
19, RUE HAUTEFEUILLE, 19
(près le boulevard Saint-Germain).
1879.

ÉTUDES TÉRATOLOGIQUES.

MÉMOIRE

SUR UN

FŒTUS DÉRENCÉPHALE

(de la famille des Anencéphaliens).

Malgré les travaux nombreux dont la tératologie a été l'objet pendant ce siècle, malgré l'excellent *Traité* d'I. Geoffroy-St-Hilaire qui a réuni une quantité innombrable de faits et établi un ordre à peu près parfait au milieu des connaissances déjà acquises à son époque (1837), cette branche de la biologie n'est pas arrivée à cette période d'état pendant laquelle les faits rapprochés et comparés, mieux étudiés et mieux connus, permettent une appréciation exacte de leurs caractères accidentels ou essentiels, particuliers ou généraux. « Alors, dit M. C. Davaine, les lois, ou quelques-unes des lois qui les régissent seront mises en lumière ; alors, seulement, un système ou bien une théorie pourra grouper tous les faits suivant leurs affinités, et faire connaître par des vues générales la nature et le rapport des cas particuliers. C'est dans cette troisième période seulement que l'ensemble des connaissances acquises méritera le nom de *science*. »

Le savant que nous venons de citer, et dont l'article Monstres, Monstruosités (*Dict. encycl. des sciences médicales*, 2e série, t. IX) se recommande à l'attention de tous ceux qui font ou veulent faire de la tératologie, établit par une série de preuves historiques et critiques que la tératologie n'est point assise aujourd'hui sur une base solide, que la définition et la classification des monstruosités sont loin d'être définitives, et qu'enfin on ne saurait considérer cette branche de la biologie comme une science constituée, au même titre que l'anatomie et la physiologie par exemple.

Nous partageons pleinement cet avis, et les nombreuses lectures que nous venons de faire des traités, des articles ou des observations spéciales, n'ont fait que nous confirmer dans cette opinion. La tératologie a donc besoin d'amasser de nouveaux matériaux, de recueillir de nouvelles richesses, afin que de cette ample moisson puisse surgir enfin la vérité définitive. A ce titre, chaque fait nouveau mérite d'être rapporté avec soin, d'être décrit avec minutie dans tous ses détails qui, grâce aux faits antérieurement connus, pourront être plus précis, plus vrais, et pourront peut-être donner lieu à de nouvelles déductions. Cette observation s'applique surtout aux cas de monstruosités qui sont rares, et dont l'étude est par conséquent incomplète.

Telles sont les raisons qui m'engagent à faire connaître le fait suivant et à entrer dans les détails les plus circonstanciés de son histoire. Je n'en ferai point l'occasion d'une longue dissertation sur la tératologie en général; je me bornerai à faire suivre le récit de l'observation de quelques considérations très-brèves relatives : 1° à la catégorisation de ce nouveau fait dans les classifications le plus généralement admises; 2° aux conditions de production de cette monstruosité; et 3° à l'influence qu'elle peut exercer sur la marche de la grossesse et de l'accouchement. De là trois chapitres distincts, dont le premier, le récit du fait lui-même, sera très-développé; le second aura des limites moindres; enfin le troisième ne sera qu'indiqué, les notions réellement probantes nous faisant presque complètement défaut.

I.

OBSERVATION.

Le **17** août **1878**, je fus prié par mon collègue et ami, le docteur Wintrebert, d'aller chercher un fœtus monstrueux qu'il venait de voir rue des Quinze-Pots, à Lille. Voici les renseignements que je recueillis aussitôt, tant de la mère que de la sage-femme qui l'avait assistée :

Marie S.... a 27 ans ; mariée depuis six ans avec un ouvrier cordonnier, elle a eu successivement quatre enfants, tous vivants et bien portants ; les quatre grossesses antérieures s'étaient très-bien passées, et les accouchements avaient été faciles et rapides. Elle devint enceinte pour la cinquième fois vers le mois de novembre, peu de temps après son arrivée à Lille ; elle n'a éprouvé à aucun moment ni impression, ni émotion particulière ; jamais elle n'a vu d'enfant monstrueux et n'a jamais eu aucune idée de ce genre ; seulement, elle a subi des chagrins considérables pendant tout le temps de sa grossesse, tant par suite de la misère que par suite de scènes plus ou moins violentes avec ses parents ; toutefois, il n'y a jamais eu aucune menace ni voie de fait.

Sa grossesse fut très-pénible depuis le commencement jusqu'à la fin ; le ventre se développa considérablement et de bonne heure ; à six mois, il était aussi volumineux qu'au terme des autres grossesses, et la femme croyait être enceinte de jumeaux ; il était aussi très-sensible et douloureux à la moindre pression. Pas de vomissements, mais un état de malaise et de langueur presque continuel. Les mouvements de l'enfant, perçus dès la première quinzaine d'avril, étaient surtout sensibles vers le flanc droit ; ils étaient très-forts et revenaient comme par secousses qui duraient un quart-d'heure environ, pour ne réapparaître que toutes les quatre ou cinq heures : ils ont été perçus jusque pendant les dernières périodes de l'accouchement.

Dans les derniers quinze jours, les varices des membres se tuméfièrent énormément et la jambe gauche s'enfla ; la femme pouvait à peine vaquer aux occupations les plus urgentes de son ménage. Elle ne comptait accoucher que dans les derniers jours du mois d'août ; les douleurs la prirent le **15**, à trois heures du matin; elles furent d'emblée très-intenses et durèrent ainsi presque sans interruption jusqu'au lendemain matin, à huit heures ; elles prirent alors le caractère expulsif et devinrent incessantes jusqu'au moment de la délivrance, qui eût lieu le **16**, à midi, trente-trois heures après le commencement du travail.

Une sage-femme avait été appelée ; elle arriva le **16**, à onze heures du matin ; elle nota une poche des eaux très-volumineuse, très-résistante, allongée, descendant jusque vers l'entrée du vagin, et derrière les membranes une présentation inégale, bosselée, qui fut prise pour une présentation de la face. Une demi-heure après, le travail n'avançant pas, la sage-femme rompit les membranes, mais non sans difficulté. « Aussitôt, nous dit-elle, il s'écoula un flot de liquide énorme qui inonda tout le plancher de la chambre, à tel point que je fus obligée de mettre des sabots pour ne pas marcher dans l'eau ; le liquide évacué n'était pas moindre de **5** à **6** litres. » Sous l'influence de ce flot, le fœtus descendit rapidement ; le toucher, pratiqué de nouveau, donna les diverses sensations d'une présentation de la face ; quelques instants après, l'expulsion du fœtus avait lieu, et ce ne fut qu'après la sortie de la tête que l'on reconnut l'erreur de diagnostic et le vice de conformation.

La sortie des épaules se fit en première position; une nouvelle irruption de liquide amniotique eut lieu, la matrice revint presque immédiatement sur elle-même, la délivrance naturelle s'opéra quinze ou vingt minutes après. Les accidents des suites de couches furent nuls ; la femme se leva dès le quatrième jour et put vaquer à ses occupations de ménage; mais elle a gardé une faiblesse très-grande et une leucorrhée très-abondante qui dure encore (novembre 1878).

Mme Gilquin, la sage-femme qui avait assisté l'accouchée et qui avait suivi ce fait avec la plus grande attention, nous a très-exactement renseigné sur les divers symptômes qu'a présentés l'enfant. Il vint la figure d'une couleur rouge, normale, les yeux largement ouverts et fixes. Dès qu'on l'eût posé sur le lit, il fit une inspiration en ouvrant largement la bouche, les paupières restèrent immobiles, les yeux étaient agités de mouvements convulsifs, les bras et les jambes s'agitaient également, mais le corps n'était pas soulevé en entier. Une seconde, puis une troisième inspiration eurent lieu à une minute environ d'intervalle l'une de l'autre, les mouvements cloniques des membres et des yeux continuèrent; enfin une quatrième et dernière inspiration, plus large et plus profonde, se produisit; la résolution générale et la mort suivirent aussitôt. Ceci avait duré environ trois ou quatre minutes; aucun effort ne fut tenté pour produire de nouvelles inspirations et ranimer un peu de vie. Après la mort, les yeux très-saillants restèrent ouverts, la face pâlit, et ce fut dans cet état que nous le trouvâmes le lendemain, vingt-quatre heures après.

Après avoir constaté la mort de l'enfant et avoir noté la lésion qu'il portait à la tête, la sage-femme revint pour présider à la délivrance; le placenta, qui sortit spontanément, portait, nous dit-elle, sur un point de son pourtour, une poche transparente et parfaitement limitée, contenant un demi-litre d'eau environ; quand nous vînmes le lendemain, cette poche était rompue, et, n'étant pas prévenu du fait, nous nous bornâmes à constater que le placenta était circulaire, de dimension normale, sans trace de noyau inflammatoire dans son épaisseur, ni d'adhérences à la surface des membranes; celles-ci nous parurent exubérantes. Nous ne poussâmes pas plus loin nos investigations de ce côté, en sorte que nos renseignements se bornent aux dires de la sage-femme. Le cordon ombilical s'insérait au centre du placenta : il avait une longueur de 52 cent., un volume normal, et renfermait les trois vaisseaux (veines et artère) dans leur disposition ordinaire.

Examen extérieur du fœtus. — Afin de bien conserver l'aspect extérieur de ce fœtus, nous l'avons fait photographier, et la fig. I n'est que la reproduction de la photographie. Comme on peut le voir, ce fœtus est remarquable par l'aspect repoussant de sa physionomie, qui le fait ressembler tout-à-fait à certains singes : la figure est petite, mais assez régulière; les traits de la face sont très-prononcés, les yeux sont saillants et hors de l'orbite, les paupières sont écartées et semblent trop petites pour recouvrir les globes oculaires; la face est tuméfiée, large; la lèvre supérienre, épaisse et saillante, surplombe la lèvre inférieure; la bouche est largement fendue, le nez épaté et écrasé; les sillons naso-géniens sont enfoncés à cause de la saillie arrondie des joues; les ailes du nez sont parcourues, à moitié de leur hauteur, par un sillon assez profond qui les divise en deux, au niveau de la jonction des cartilages avec les os propres; ceux-ci sont tellement aplatis que leur surface se continue sans ligne de démarcation avec celle du front. Les oreilles sont déjetées en arrière et presque complètement cachées par la saillie des joues; elles sont volumineuses et reposent, par leur partie inférieure, sur le point le plus élevé des épaules Le pavillon est recourbé en bas et tombe en avant de la conque qui, étant ainsi aplatie, a pris l'aspect d'une fente linéaire dirigée transversalement d'avant en arrière. La tête est engoncée dans les épaules; le menton repose sur le sternum, dont il n'est séparé que par une rainure peu profonde qui représente le cou.

La face n'est surmontée ni de front ni de vertex. Les yeux, ai-je dit, sont très-saillants; la paupière supérieure est obliquement dirigée en haut et en arrière, sans trace ni de sourcils, ni d'arcade sourcilière, et se continue avec une surface cutanée très-oblique d'un demi-centimètre environ, et recouverte de cheveux bruns assez longs (1/2 cent.). Sur la ligne médiane, et sans séparation d'avec le nez, existe encore une surface cutanée très-oblique, d'un centimètre environ de hauteur : c'est là tout ce qui reste du front et du vertex. A cette limite, la peau est recouverte de cheveux noirs, lisses, qui forment une sorte de couronne; puis elle cesse brusquement sur une ligne circulaire qui comprend tout le tour de la tête; il y a comme une rainure cicatricielle parfaitement nette, au-delà de laquelle on observe une membrane rougeâtre, lisse et luisante, qui recouvre toute la base du crâne, en se portant ainsi horizontalement d'un point à l'autre de la circonférence, jusqu'en arrière, où elle se prolonge en forme de triangle isocèle le long de la partie postérieure du cou; la base de ce triangle correspond à la jonction du cou avec la tête; la pointe, légèrement arrondie, descend jusqu'au niveau des premières vertèbres dorsales. Au cou, comme à la tête, la peau s'arrête bruquement au niveau des rebords osseux et se continue avec la membrane en question, sans interruption, mais limitée par une ligne cicatricielle des plus nettes.

Il résulte de là une sorte d'incision ovalaire, à grosse extrémité tournée en haut au niveau des yeux, à petite extrémité allongée tournée en bas et en arrière au niveau des premières vertèbres dorsales; cette incision pratiquée à la peau est comblée par la membrane en question. Celle-ci, à son tour, est soulevée à sa partie antérieure et supérieure, au niveau du milieu de la base du crâne, par une petite tumeur rouge, mollasse, qui la sépare des os; elle s'applique sur ces os sans interposition au niveau du rebord formé par l'articulation du crâne avec la colonne vertébrale, mais elle est maintenue à distance de la surface postérieure de la colonne vertébrale, tendue comme un voile entre les bords de la demi-gouttière conique que représente celle-ci; un liquide transparent remplit complètement cet intervalle.

Ce premier examen suffit pour nous faire reconnaître que le fœtus est privé de voûte du crâne, que son canal vertébral est largement ouvert en triangle dans toute la hauteur de la région cervicale, et qu'au niveau de ce vaste hiatus, formé par la non-fermeture des cavités encéphalo-rachidiennes, il existe une membrane épaisse, doublée en certains endroits d'une masse charnue, soulevée en certains autres par du liquide, et qui représente à elle seule le cerveau et la moelle, les os de la voûte du crâne et les diverses parties molles qui les recouvrent à l'état normal. — Ainsi que le porte le titre de ce mémoire, nous n'hésitons pas à classer immédiatement ce monstre dans la famille des Anencéphaliens, genre Dérencéphale, d'I. Geoffroy-St-Hilaire. Nous reviendrons plus loin sur cette détermination taxonomiqne.

Le reste du corps est normalement conformé. L'enfant est du sexe féminin; il est bien développé et présente même un embonpoint considérable. Poids : 1,850 gr.; longueur totale : 37 c. 1/2; longueur de la portion sous-ombilicale : 20 cent., portion sus-ombilicale : 17 c. 1/2. Membres inférieurs, de l'épine iliaque antérieure et supérieure à la plante du pied : 16 cent ; des bras, 15 c. Les quatre derniers doigts des deux mains sont rétractés à angle droit par suite de la brièveté trop grande des tendons fléchisseurs.

Autopsie. — Nous pratiquons immédiatement l'autopsie du tronc, des membres, du cou et de la face, et nous ne trouvons dans

toutes ces parties aucune anomalie: le foie est relativement peu volumineux; les organes digestifs et génito-urinaires présentent leur disposition habituelle; le cœur et les vaisseaux ont conservé leurs rapports normaux: les poumons ne remplissent pas complètement la cavité thoracique; leurs deux tiers supérieurs ont respiré; le tiers inférieur est dense et plonge au fond de l'eau. — Le thymus est volumineux: les couches musculaires du cou, le larynx, l'épiglotte, le pharynx, sont successivement disséqués et ne nous montrent aucune anomalie. De même pour les diverses parties de la face, sauf l'extrémité tout-à-fait postérieure du voile du palais, qui présente une très-légère bifidité au niveau de la luette.

Il existe quelques rares cils sur le bord libre des paupières, mais nous ne trouvons pas trace de sourcils. L'œil repose sur le plancher de l'orbite qu'il déborde légèrement en avant: en haut, il est tout-à-fait hors de cette cavité, par suite du retrait en arrière du rebord orbitaire qui appuie sur le segment postérieur du globe. — Dans le tissu cellulaire qui l'environne de toutes parts, et qui le fixe au fond de l'orbite, nous trouvons des muscles et des nerfs, mais nous ne parvenons pas à distinguer de glande lacrymale.

Le système nerveux a surtout attiré notre attention, et encore ici, nous n'avons trouvé absolument aucune anomalie. Le grand sympathique a pu être disséqué sur toute la hauteur de la colonne vertébrale; la chaîne ganglionnaire était continue depuis le sacrum, jusqu'à la partie supérieure du cou, et ne paraissait ni plus grêle, ni plus volumineuse qu'à l'état normal: toutefois, le grand nerf splanchnique nous a paru singulièrement gros. — Au niveau du cou, le cordon sympathique ne nous a pas présenté de renflement ganglionnaire: nous l'avons suivi jusqu'à la base du crâne, sans pouvoir aller au-delà.

Nous en dirons autant du pneumogastrique qui l'accompagne, ainsi que l'artère carotide. Ces trois organes, accolés ensemble, montent au devant de la colonne vertébrale et se portent sur la base extérieure du crâne; là, ils s'enfoncent dans une anfractuosité osseuse, correspondant plus ou moins exactement à la situation habituelle du trou déchiré postérieur, et nous les perdons entièrement, sans pouvoir en retrouver la trace à la face intérieure du crâne, ainsi que nous le dirons.

Les autres nerfs crâniens ont pu être retrouvés pour la plupart, du moins dans leur partie terminale: ainsi, je vois le facial sortir des os du crâne, au devant de l'oreille et j'en suis les branches jusque dans les lèvres; au niveau de la lèvre inférieure, comme au niveau de la région sous-orbitaire, je vois ses filets transversaux s'entrecroiser avec quelques autres à direction verticale, que je n'hésite pas à rapporter aux branches terminales des maxillaires supérieur et inférieur du trijumeau, quoique je ne puisse trouver les troncs de ces derniers. Je parviens également à isoler une portion de l'hypoglosse, derrière la branche de la mâchoire. Le spinal peut être disséqué dans ses terminaisons musculaires, et suivi jusque sur les côtés de la base du crâne. Le nerf optique est très-volumineux, et pénètre dans l'intérieur du crâne à travers le trou optique; nous le retrouverons tout-à-l'heure.

Les nerfs rachidiens existent tous au grand complet : les branches cervicales émergent de l'intérieur du canal ostéo-fibreux à 1/2 cent. de chaque côté de la ligne médiane, la première sortant entre les lames latérales de l'occipital et celles de la première vertèbre, les autres disposées régulièrement de haut en bas jusqu'au niveau du dernier trou de conjugaison du sacrum. Les plexus cervical, brachial, les nerfs intercostaux, les plexus lombaire et sacré sont tout-à-fait réguliers dans leurs branches collatérales et terminales. En somme, aucune anomalie dans le tronc, le cou, la face et les membres.

Centres nerveux. — En disséquant la région du crâne et de la colonne vertébrale, nous notons les particularités suivantes: La peau et la membrane qui lui fait suite adhèrent fortement aux os qui limitent le pourtour de la base du crâne. — A une petite distance de ce rebord, la membrane s'en écarte; elle est lisse, humide, d'un rouge très-foncé, et se continue sans aucune démarcation, ni modification avec celle qui ferme l'ouverture postérieure de la colonne cervicale. Il est impossible de l'isoler par la dissection des parties sous-jacentes, dans lesquelles elle envoie des tractus fibreux, très-forts et très-nombreux, qui en font une vraie dépendance de cette membrane. (Dans quelques autopsies d'anencéphales, on a pu isoler une première membrane, qu'on a dit être la dure-mère ou l'arachnoïde [1], et une seconde qui formait la tumeur, et qui serait la pie-mère; le cerveau était représenté par

(1) Voyez Chantreuil, *Bulletins de la Société anatomique*, 1867. 2e série, t. XIII, p. 111.

la masse fongueuse qui se trouve contenue dans le réticulum fibreux de celle-ci). Dans notre cas, nous n'avons pu établir cet isolement des deux membranes méningiennes.

Cette membrane limitante étant incisée d'avant en arrière, nous constatons qu'elle s'applique immédiatement sur le rebord terminal des os, dont elle constitue le périoste et une sorte de continuation fibreuse. Puis elle s'épaissit, se dédouble; une partie reste adhérente à la surface des os du crâne, d'où nous ne pouvons la séparer qu'avec la plus grande peine. Entre ces deux feuillets, existe une masse rougeâtre, fongueuse, qui masque les inégalités osseuses, et a le volume d'une grosse noisette à la partie médiane, correspondant à la selle turcique, ainsi que nous avons pu nous en assurer plus tard. Ce tissu laisse écouler beaucoup de sang; il est aréolaire et ressemble au tissu érectile; il se laisse étaler assez aisément par les aiguilles, et nous présente au microscope un tissu conjonctif jeune, rempli de vaisseaux dilatés. Au niveau de la dortion moyenne, il existe une petite poche vésiculeuse de la grosseur d'un pois-chiche, qui s'est déchirée pendant la dissection: nous n'avons pu trouver la moindre trace d'éléments nerveux.

La partie profonde est très-adhérente avec les os de la base du crâne, et les saillies et enfoncements irréguliers qu'ils présentent. Après l'avoir détachée par lambeaux, nous trouvons sur les parties latérales du sphénoïde, au niveau de la fosse sphénoïdale, un petit amas de substance nerveuse, parfaitement caractérisée par des tubes et des cellules. Cette masse, de la grosseur d'une lentille, semble en rapport avec les nerfs de l'orbite, et principalement avec le nerf optique, qui commence à ce niveau, parcourt tout l'orbite avec son volume normal et va s'épanouir dans l'œil qui nous présente une rétine parfaitement distincte. Le canal et le vaisseau central du corps vitré persistent. — Sur la base du crâne, nous ne trouvons aucune extrémité nerveuse distincte.

La tumeur vasculaire, de la grosseur d'une noisette, qui surmonte la base du crâne, s'arrête au niveau de l'os basilaire; à partir de ce point jusqu'aux vertèbres cervicales, existe une cavité infundibuliforme, à grosse extrémité tournée en haut fermée par la tumeur, à petite extrémité tournée en bas et se continuant à plein canal, avec le canal rachidien Cette cavité est remplie d'un liquide séreux, transparent, que l'on peut refouler en bas par la pression.

La paroi postérieure membraneuse étant incisée, le liquide se répand au dehors. — Les parois sont formées par une membrane lisse, luisante, appliquée en avant et sur les côtés contre la face postérieure du corps et des lames latérales des vertèbres, auxquelles elle adhère intimement, doublée en arrière par une couche fibreuse, résistante, qui se continue avec la peau dont elle est nettement séparée par la ligne cicatricielle extérieure. C'est une véritable cavité arachnoïdienne, au fond de laquelle je constate la naissance de la moëlle par un bourgeon arrondi et flottant, qui correspond à l'arc de la première vertèbre dorsale. Ce bourgeon initial est blanc, lisse, légèrement renflé ; il se continue avec le restant de la moëlle, laquelle descend jusqu'au niveau de la première vertèbre sacrée, sans aucune modification anormale.

Dans la région cervicale, en soulevant les deux lambeaux de la membrane limitante postérieure, on voit de chaque côté les nerfs cervicaux, émerger des trous de conjugaison, parcourir la partie latérale de l'infundibulum, et venir se porter régulièrement en arrière où ils se terminent sur la membrane, en s'y unissant à la façon d'un tendon sur un os ; les sept paires cervicales, régulièrement échelonnées de haut en bas, nous représentent les barbes du *calamus scriptorius*, mais sans trace de moëlle à ce niveau.

Sur les côtés de l'os basilaire, et au devant du premier trou de conjugaison, nous voyons un filet nerveux, très-distinct, descendant verticalement et s'engageant dans un trou situé à la base des occipitaux latéraux : nous supposons que c'est le nerf hypoglosse.

En résumé, pas trace de cerveau, pas trace de moëlle épinière cervicale; présence intacte de toute la portion extrà-crânienne des nerfs encéphaliques; présence également intacte de la portion extrà et intrâ-rachidienne des branches cervicales, avec terminaison de celles-ci sur les méninges : telles sont les altérations constatées dans le système nerveux central de la tête et du cou.

Os du crâne. — Les altérations n'étaient pas moins grandes dans le système osseux du crâne et de la colonne vertébrale cervicale. — Voici d'abord quelques mesures que nous avons prises :

FACE. — Diamètre vertical, du front au menton. . . .	56 mill.
Id. horizontal, entre les deux joues. . .	57
Circonférence maximum de la tête.	19 cent.
Diamètre biacromial	10 cent.

CRANE. — Diamètre transversal postérieur des os du crâne.		64 mill.
Id. id. de la partie moyenne . .		35
Id. id. id. antérieure . . .		32
Id. antéro-postérieur médian.		40
COLONNE VERTÉBRALE. — Écartement maximum des lames de la 1re vertèbre cervicale.		25
Hauteur verticale, de la fente vertébrale de l'occipital à la seconde vertèbre dorsale		35

Les altérations des os du crâne et de la face, celles des vertèbres cervicales et des deux premières dorsales étaient si prononcées, si caractéristiques ; d'un autre côté, elles sont si mal décrites et si mal représentées dans les auteurs (voir la planche annexée au mémoire de V. Portal, l'atlas des monstruosités du traité d'I. Geoffroy-Saint-Hilaire, ainsi que l'atlas d'Aug. Forster), que j'ai cru devoir donner une représentation exacte et détaillée du cas que j'ai eu sous les yeux.

Grâce à l'obligeance de M. Baudelaire, photographe à Lille, grâce surtout à notre habile collaborateur et collègue, M. V. Demandre, pharmacien en chef de l'hôpital Sainte-Eugénie, qui a dessiné, d'après nature et avec une exactitude irréprochable, les différentes particularités intéressantes de notre sujet, nous pouvons donner une planche, qui est la représentation fidèle de la pièce pathologique que nous conservons avec soin dans la collection du musée de la Faculté libre de médecine. Il nous suffirait de renvoyer à l'explication de cette planche et des quatre figures qu'elle renferme, pour faire saisir toute l'importance des lésions osseuses du crâne et de la colonne vertébrale; toutefois, nous croyons devoir en dire un mot ici, afin de mieux faire saisir l'ensemble si caractérisé des lésions.

La voûte du crâne fait complètement défaut, et, après la dissection, la base se présente à l'extérieur, comme le représente la fig. 2. Elle est étroite en avant, où son maximum de resserrement (32^{mm}) existe en arrière des cavités orbitaires ; elle va en s'élargissant d'avant en arrière; elle cesse ensuite brusquement par une ligne transversale ; elle représente donc une sorte de triangle isocèle, à angle antérieur obtus. — Toutefois, il existe une légère asymétrie entre les deux côtés, et la partie postérieure et latérale gauche est un peu plus élargie que la partie droite correspondante. Cette base est très-irrégulière ; elle présente un massif osseux médian antéro-postérieur, saillant et développé ; quant aux fosses latérales, frontale, sphénoïdale et occipitale, elles n'existent qu'à l'état de vestige, sauf la fosse sphénoïdale, bien moins prononcée toutefois qu'à l'état normal.

D'avant en arrière, nous rencontrons (voyez Fig. II) :

1° Les deux *os frontaux*, séparés par une suture médiane ; la portion orbitaire de ces os existe complètement ; leur portion écailleuse fait défaut ; les frontaux sont réduits de ce côté à l'arcade sourcilière et n'ont pas plus de 4 mill. de hauteur ;

2° L'*Ethmoïde* occupait sa place normale, et nous a paru également constitué normalement ; mais son défaut d'ossification nous a empêché de le préparer et de pouvoir l'examiner en détail ;

3° Le *Sphénoïde* a subi des modifications très-grandes dans sa configuration. Il est divisé en deux parties : l'une antérieure et supérieure, *os ingrassial*, qui représente les petites ailes du sphénoïde ou apophyses d'Ingrassia, est repliée sur elle-même en forme de croissant qui surplombe la selle turcique, en sorte que la fente sphénoïdale, qui fait communiquer la base du crâne avec l'orbite, est très-élargie et confondue avec le trou optique.

La partie postérieure, ou *sphénoïde proprement dit*, a son aspect normal, et est formée d'une partie moyenne carrée (*corps*) et de deux grands appendices latéraux (*grandes ailes*), qui forment les deux fosses latérales moyennes, bien moins excavées qu'à l'état normal ;

4° Les *temporaux* ne sont représentés que par leur portion pierreuse (*rocher*), très-saillante, très-développée et très-dure, sur laquelle on voit les orifices des conduits auditifs internes, largement ouverts, ovalaires et situés à la partie supérieure. — A l'extrémité externe du rocher, existe une petite lamelle osseuse de quelques lignes de large et de 1 cent. de long, que nous rapportons à la portière écailleuse du temporal, presque complètement atrophiée.

En avant et en arrière du rocher, existent des fentes irrégulières qui font communiquer les surfaces supérieure et inférieure de a base du crâne, et qui ne sont autre chose que les trous déchirés antérieur et postérieur, modifiés dans leur direction et leur dimension.

5° L'*occipital* est profondément modifié ; il se décompose en cinq os séparés : 1° la portion moyenne ou *os basilaire*, qui est divisée elle-même en deux moitiés : l'une postérieure et inférieure, osseuse, carrée ; l'autre antérieure et supérieure, cartilagineuse ; 2° les os *occipitaux externes*, lames osseuses, triangulaires, transversalement dirigées et augmentant ainsi la surface plane qui fait continuer la base du crâne avec la colonne vertébrale ; 3° les *sus-occipitaux*, lames recourbées, épaisses, qui représentent les restes modifiés de l'écaille de l'occipital.

6° Pas trace de *temporaux*.

Colonne vertébrale. — Les sept vertèbres cervicales existent, mais leurs lames latérales, au lieu de converger l'une vers l'autre de manière à limiter un canal cylindrique fermé, se dirigent transversalement et ne circonscrivent qu'une demi-gouttière largement ouverte en arrière.

Le corps de l'atlas est cartilagineux ; les deux masses latérales sont ossifiées et dirigées transversalement.

L'axis présente une apophyse odontoïde très-grêle ; ses lames latérales, dirigées transversalement, commencent un peu à se relever sur le côté.

Ce relèvement s'accentue de plus en plus, et peu à peu les bords de la gouttière deviennent plus saillants, ainsi que le représente la fig. 4. Sur cette figure, on voit également une particularité que nous notons dans les figures de V. Portal. Les lames latérales des 3e, 4e et 5e vertèbres cervicales sont réunies entre elles à droite, de façon à ne former qu'une seule apophyse épineuse ; à gauche, cette soudure existe entre deux vertèbres seulement, la 3e et la 4e.

La première vertèbre dorsale est encore ouverte, et l'extrémité des deux lames latérales est distante de 1 cent. environ.

La seconde dorsale est également ouverte, mais de quelques lignes seulement, et un ligament fibreux réunit les deux apophyses épineuses.

A partir de la troisième dorsale, le canal vertébral est complètement reconstitué, et il est normal jusqu'à sa terminaison.

— Ainsi, absence totale de la voûte du crâne, modifications de la partie antérieure de la base par une sorte de tassement des os, disparition du trou occipital et de toutes les parties situées en arrière de ce trou, ouverture du canal rachidien dans toute la hauteur de la colonne vertébrale cervicale : telles sont les lésions du squelette osseux qui correspondent exactement avec les lésions correspondantes sus-mentionnées des centres nerveux.

Il y aurait lieu à des considérations très-intéressantes d'anatomie philosophique sur ces divers points, tant pour la détermination des vertèbres crâniennes, l'ostéogénie des parties constituantes du crâne et de la colonne vertébrale, que pour la corrélation entre les parties contenues et les parties contenantes. Je ne m'attacherai pas à ces considérations, pour lesquelles les fig. **2**, **3** et **4** de la pl. II pourront être utilisées ; je veux seulement faire quelques réflexions sur les points que j'ai déjà énoncés.

II.

De l'observation qui précède, et que nous avons détaillée à dessein, il résulte que le fœtus monstrueux que nous avons étudié présente un développement complet dans toutes ses parties, sauf dans l'encéphale et la partie supérieure de la moëlle qui font défaut, ainsi que dans les os qui renferment normalement ces centres nerveux. Avant d'essayer de classer notre sujet, je désire appeler l'attention sur quelques points importants.

A. — Et d'abord, signalons cette particularité que de tous les nerfs crâniens et rachidiens, pas un ne manquait; tous avaient leur volume et leur siége normal; tous avaient également leur distribution régulière, autant du moins que nous l'a permis de vérifier une dissection des plus attentives. Pour les nerfs rachidiens, il ne saurait y avoir aucun doute; ces nerfs arrivaient non-seulement aux trous de conjugaison, mais encore pénétraient dans le canal ostéo-fibreux, qui remplaçait le canal vertébral osseux, parcouraient ce canal de dehors en dedans et venaient *s'insérer* sur la membrane fibro-séreuse qui fermait ce canal en arrière. A ce niveau, cette membrane semblait épaissie par l'adjonction de la lame résultant de l'épanouissement des rameaux nerveux. Y avait-il une couche de substance grise centrale, représentant les vestiges de la moëlle? C'est ce que l'altération des tissus ne nous a pas permis de vérifier au microscope.

Pour les nerfs crâniens, le fait est encore plus frappant. Il n'existait aucun vestige de pédoncules cérébraux, de protubérance et de bulbe, et pourtant tous les nerfs, qui en émanent normalement, ont été retrouvés sur place, et ont pu être suivis jusque dans les fissures de la base du crâne. Seuls, l'olfactif, l'optique, et peut-être le trijumeau nous ont paru contracter des rapports avec un noyau de substance nerveuse, que nous avons trouvé au voisinage de la fosse sphénoïdale et qui était en dehors de la couche fibreuse revêtant les os: peut-être que ce noyau n'était autre chose que le ganglion de Gasser, où prenait naissance le trijumeau seulement, et où venait se terminer le grand sympathique.

Quoi qu'il en soit, il résulte de cette observation ce fait depuis longtemps démontré et aujourd'hui incontestable, que les nerfs ne naissent pas de l'axe cérébro-spinal pour se porter aux organes, qu'ils ne se forment pas davantage dans ceux-ci pour aller se joindre ensuite à la portion centrale du même appareil: on les voit toujours se produire à l'endroit même où on les rencontre, peu importe qu'ils aboutissent ou non à un centre nerveux.

Il résulte encore que le développement de l'embryon se fait indépendamment du système nerveux cérébro-spinal, puisque celui-ci peut être lésé, manquer en partie et même en totalité comme chez les amyélencéphales, sans que les autres parties du corps offrent la moindre trace de malformation, ni d'altération organique: il est à noter, au contraire, que les fœtus qui présentent une anomalie par altération, par défaut ou par absence des centres nerveux, ont souvent un embonpoint plus considérable qne d'ordinaire.

B. — La question de la vitalité des Anencéphales a vivement préoccupé l'attention du monde savant dans les premières années de ce siècle, et l'observation de ces monstres n'a pas peu contribué à élucider les fonctions des centres nerveux. Tout le monde connaît l'histoire de l'Anencéphale de Lallemand, ainsi que les conclusions physiologiques qu'en a retirées son illustre observateur. Aujourd'hui la chose est indiscutée. « Pendant tout le cours de la vie intra-utérine, dit I. Geoffroy-Saint-Hilaire, la monstruosité n'exercera aucune influence sur leur développement et ils vivent robustes et pleins de santé; mais à leur naissance, transportés tout-à-coup dans un monde extérieur qui n'est pas en harmonie avec les données de leur organisation, obligés de respirer l'air atmosphérique par des poumons que n'anime pas l'action des centres nerveux, ils languissent et ne tardent pas à périr. Semblable à un poisson vigoureux qui, enlevé du sein des eaux, périt asphyxié au milieu d'un air vivifiant pour nous, funeste pour lui, un anencéphale est nécessairement condamné à une mort plus ou moins prompte, non pas que son organisation soit vicieuse par elle-même, impropre à l'accomplissement des fonctions vitales, mais parce que, coordonnée avec les conditions de la vie intra-utérine, elle ne l'est plus avec celles de cette seconde vie libre et indépendante, à laquelle d'autres êtres sont appelés par la complication plus grande de leurs appareils organiques (1). »

Notre anencéphale a vécu 4 à 5 minutes; malgré l'absence de bulbe rachidien et de la portion supérieure de la moëlle, il a fait quelques inspirations et l'air a pénétré dans les poumons: par conséquent, l'inspiration s'est produite en dehors de toute influence du centre respiratoire de la moëlle allongée, et sous la seule influence de la moëlle dorsale, c'est-à-dire, des nerfs qui animent les parois thoraciques. Il est évident que le poumon n'a joué là qu'un rôle absolument passif; aussi sa pénétration par l'air était-elle très-incomplète, et son tissu, au lieu de surnager franchement, semblait plutôt rester entre deux eaux.

C. — Cherchons maintenant à déterminer quelle est la place que vient occuper notre fœtus sur les degrés nombreux de l'échelle tératologique. Le problème sera moins complexe qu'il ne l'est parfois, car la monstruosité dont il était porteur était unique; elle n'occupait absolument que les centres nerveux, les autres parties du corps étant normales; nous n'aurons donc pas à classer notre monstre dans plusieurs catégories à la fois, comme il est nécessaire de le faire quand la monstruosité est complexe, ce qui est le cas le plus fréquent.

Plusieurs essais de classification des monstruosités ont été tentées à diverses époques et successivement abandonnées; c'est que, comme je le disais au début, la tératologie n'est pas encore une science complètement constituée. Isidore Geoffroy-Saint-Hilaire a fait une critique judicieuse des classifications tentées avant lui et en a proposé une nouvelle, qui, si elle n'est pas adoptée universellement, n'en est pas moins la meilleure, celle qui permet de se reconnaître vite dans ce dédale de variétés que présente l'observation. La base peut être défectueuse; les grandes divisions peuvent ne pas répondre exactement à tous les caractères qui

(1) *Histoire générale et particulière des anomalies*, ou *Traité de Tératologie*, Paris, 1836. T. II, p. 372

doivent servir pour une bonne classification ; mais les catégories, appelées *genres*, sont définies d'une façon exacte et précise, et c'est à elle que l'on doit recourir aujourd'hui, quand on a à déterminer la catégorisation d'un fait ; c'est donc elle que nous allons prendre pour guide dans les considérations suivantes.

Cette classification ne comprend pas moins de 2 classes, 6 ordres, 12 tribus, 24 familles et 80 genres différents. Toutefois, il nous est facile de dire rapidement que notre fœtus appartient à la classe des monstres *unitaires*, de l'ordre des *autosites*, et doit être rangée dans la *troisième tribu* de cet ordre, dans laquelle tribu les modifications principales siègent dans les parties postérieures de la tête et de la colonne vertébrale et dans les centres nerveux qui y sont normalement logés.

Cette tribu se décompose à son tour en trois familles :

1° Les *exencéphaliens* : le cerveau existe, mais déformé, plus ou moins incomplet et placé, au moins en partie, hors de la cavité crânienne, elle-même plus ou moins imparfaite.

2° Les *pseudencéphaliens* ; il n'existe plus à proprement parler d'encéphale, mais seulement une tumeur d'un rouge vif, composée d'une multitude de petits vaisseaux ; cette tumeur repose sur la base du crâne, dont la voûte manque en très-grande partie : elle occupe par conséquent la place du cerveau, pour lequel elle a été souvent prise.

3° Les *anencéphaliens*, caractérisés par l'absence complète de l'encéphale et par le défaut presque total de la voûte du crâne.

A ce simple énoncé, on voit que nous ne pouvions hésiter qu'entre les deux dernières familles : les exencéphaliens, tels que nous les avons définis, n'ayant aucune relation avec notre cas. Mais la difficulté n'en était pas moins réelle. Quand on se reporte aux descriptions, qu'a données I. Geoffroy-Saint-Hilaire, des monstres pseudencéphaliens et surtout du genre *thlipsencéphale*, ces distances se rapprochent. Chez les thlipsencéphales, l'encéphale est remplacé par une tumeur vasculaire ; le crâne est ouvert en-dessus dans les régions frontale, pariétale et occipitale; il n'y a pas de trou occipital distinct. L'aspect extérieur est le même ; la déformation des os du crâne, l'absence de la voûte est la même que chez les anencéphaliens, ainsi qu'on peut le voir par les figures d'I. Geoffroy-Saint-Hilaire lui-même(1). Le musée Dupuytren possède une préparation

(1) I. Geoffroy-St-Hilaire. *Traité de Tératologie*. Atlas, pl. VIII.

marquée *thlipsencéphale*, et qui est exactement semblable aux autres préparations désignées sous le nom d'anencéphales.

Devions-nous, en raison de la petite tumeur vasculaire qui surmontait les os du crâne, classer notre monstre parmi les pseudencéphaliens (genre thlipsencéphale), au lieu de le mettre au nombre des anencéphaliens? Je ne le pense pas, et voici pourquoi.

La voûte du crâne, au lieu d'être ou fendue ou écartée sur le milieu, est complètement absente; les frontaux eux-mêmes qui, dans tous les cas de thlipsencéphalie, recouvrent la partie antérieure du pseudo-cerveau, n'existent pas dans leur portion écailleuse; les pariétaux n'existent qu'à l'état de vestiges et placés sur les parties latérales et inférieures; la tumeur crânienne, pour se rapprocher par quelques caractères de celle que l'on observe chez les pseudencéphaliens, ne s'en éloigne pas moins sous plusieurs rapports. Elle est peu volumineuse, non lobulée et ne peut donner lieu à une confusion quelconque avec le cerveau; elle est complètement isolée de la moëlle par un intervalle de plusieurs centimètres, alors que chez les thlipsencéphales les deux organes sont continus, et que, chez les pseudencéphales proprement dits (crâne et canal vertébral largement ouverts), elle se continue également avec la tumeur vasculaire qui tient lieu de moëlle. Dans cette tumeur, nous n'avons trouvé aucun débri de substance nerveuse.

Sans doute, la description classique des anencéphaliens dit que « la base du crâne devenue extérieure ne porte ni un véritable cerveau, ni même cette tumeur vasculaire dans laquelle on retrouve chez les pseudencéphaliens quelques vestiges de l'encéphale. » — Il existe à ce niveau une poche séreuse qui se déchire pendant l'accouchement et dont on ne voit à l'examen que les débris flottants. Notre fœtus ne rentre pas dans cette catégorie type, et il occupe, si l'on veut, une place intermédiaire entre les pseudencéphaliens et les anencéphaliens proprement dits. Faut-il pour cela créer un genre ou même une famille à part, et le désigner sous le nom de *Pseudo-Anencéphalien*, comme l'a fait M. Hallez [1], à propos d'un monstre qu'il présenta à la Société Anatomique de Paris? ou bien, comme M. Chantreuil [2], le

(1) Hallez. *Bulletins de la Société anatomique*, janvier 1868.

(2) Chantreuil. *Bulletins de la Société anatomique*, 1868. V III.

ranger simplement dans la classe des anencéphales, malgré la tumeur vasculaire?

Je n'hésite pas à prendre ce dernier parti, autant pour les raisons qui précèdent et qui sont tirées de l'absence complète de voûte cranienne, de la petitesse de la tumeur, de sa non-continuité avec l'axe médullaire, que de la considération des modifications de la colonne vertébrale et de l'absence de la moëlle cervicale.

Chez les pseudencéphaliens, ou bien le cerveau et le crâne seuls sont atteints par la malformation, ou bien il y a concomitance d'une division qui occupe toute la hauteur de la colonne vertébrale et d'une absence simultanée de tout l'axe médullaire. Telle est la différence des deux genres qu'admet I. Geoffroy-St-Hilaire : les thlipsencéphales et les pseudencéphales. Ici rien de semblable : la lésion de la colonne vertébrale est limitée à la région cervicale ; de même l'absence de la moëlle est bornée à cette région ; et à la hauteur de la première côte, le rachis et la moëlle se reconstituent entièrement comme à l'état normal. C'est là une délimitation précise de l'anomalie qui mérite bien plus d'attention que la présence d'une petite tumeur crânienne, et que l'on n'a notée que chez les Anencéphaliens proprement dits. C'est donc à cette famille que nous attribuerons notre sujet.

Les Anencéphaliens se séparent en deux genres parfaitement distincts : 1° les *Dérencéphales* : point d'encéphale, moëlle épinière manquant dans la région cervicale, crâne et partie supérieure du canal rachidien largement ouverts ; 2° les *Anencéphales* : point d'encéphale ni de moëlle épinière, crâne et canal rachidien largement ouverts dans toute leur étendue.

Notre fœtus rentre évidemment dans la première catégorie, et nous avons sous les yeux le type d'un Dérencéphale. Déjà, en 1837, Geoffroy-St-Hilaire faisait observer que la dérencéphalie, quoique étant une lésion moins prononcée que l'anencéphalie proprement dite, était incomparablement plus rare, et qu'on en comptait les cas dans la science. La proposition reste vraie aujourd'hui, et malgré les recherches les plus attentives dans la plupart des recueils français depuis cette époque jusqu'à nos jours, nous n'avons pu en relever que cinq cas nouveaux, pour lesquels la description et l'historique sont très-incomplets.

Étant donnée cette rareté de la lésion qui nous occupe, on nous permettra quelque peu d'historique à ce sujet.

D. — La dérencéphalie (1), du moins dans l'acception qui lui est aujourd'hui donnée, a été établie pour la première fois par M. Vincent Portal (2). Cet auteur rapporte les observations de trois dérencéphales qui, par une curieuse coïncidence, avaient été observés, l'un par son aïeul, le second par son père, le troisième par lui-même. Et. Geoffroy-St-Hilaire, dans les *Remarques* sur le mémoire de M. Portal, parle d'un autre dérencéphale qu'il venait d'observer (3). Il cite encore les faits de Lallemand et de Dubreuil, faits dans lesquels la dérencéphalie n'occupait qu'une petite place, au milieu des autres monstruosités dont les fœtus étaient porteurs. I. Geoffroy-St-Hilaire ne vint ajouter aucun fait à ceux énoncés par son père; il mentionne pourtant un dérencéphale que Moreau présenta à l'Académie de Médecine en **1824** (4).

Depuis lors, les observations de Dérencéphales sont extrêmement rares. Le musée Dupuytren en possède six exemples, qui paraissent dater déjà de longtemps. Une seule de ces pièces porte comme indication le nom d'Ollivier d'Angers (5), et, en effet, nous avons trouvé dans le *Traité des maladies de la moëlle épinière* de cet auteur la description du monstre en question. Il s'agissait d'un fœtus dérencéphale, mais différant de ceux de V. Portal, d'Et. Geoffroy-St-Hilaire et du mien, en ce que, malgré le *spina bifida* des vertèbres cervicales, la moëlle remontait jusqu'au niveau du 4e ventricule, qui était seulement plus étalé.

M. Houel (6), dans un mémoire lu à la Société de Biologie,

---

(1) Le nom *dérencéphale* vient de deux mots grecs : δειρη ou δερη, cou, et εγκεφαλος, cerveau, et signifie grammaticalement *cerveau placé sur le cou*. Il avait été primitivement employé dans ce sens par Et. Geoffroy-St-Hilaire, et les dérencéphales de cet auteur faisaient partie de la famille des *Exencéphaliens*. Plus tard, M. V. Portal transporta cette dénomination au genre qui nous occupe : prenant le mot dérencéphalie comme une contraction de *déranencéphalie*, ou *anencéphalie cervicale*. Cette nomenclature nouvelle ayant été adoptée par Et. et Is. Geoffroy-St-Hilaire et par tous les auteurs qui ont suivi, nous l'admettrons à notre tour.

(2) V. Portal. *Annales des Sciences naturelles*, 1828. T. XIII, p. 233.

(3) E. Geoffroy-St-Hilaire. *Annales des Sciences naturelles*, 1828, t. XIII, p. 246.

(4) Is. Geoffroy-St-Hilaire, ouvrage cité, t. II, p. 368.

(5) Ollivier d'Angers. *Traité des maladies de la moëlle épinière*. Paris, 1837. T. I, p. 180.

(6) Houel. *Mémoires de la Société de Biologie*, 1857.

mentionne trois autres dérencéphales du musée Dupuytren, qui ont été recueillis par Tuffet, Rayer et Blandin ; mais le mémoire, qui a pour but d'établir une corrélation entre les monstruosités et les adhérences vicieuses soit du placenta, soit des membranes, ne porte aucun autre détail spécial. Nous nous sommes adressé à M. Houel lui-même, qui a bien voulu nous répondre que les détails lui faisaient entièrement défaut, et qu'il ne connaissait point de nouveau fait de dérencéphalie.

Les journaux périodiques, les comptes-rendus des Sociétés savantes et principalement de la Société anatomique et de la Société de Biologie, n'en renferment qu'un exemple, alors que les faits d'anencéphalie complète, ou que les exemples de pseudencéphaliens (thlipsencéphales et pseudencéphales) y sont assez nombreux. Le fait en question a été communiqué à la Société anatomique par M. A. Bardinet (1). Il s'agissait d'un fœtus qui présentait diverses anomalies de la face qui le faisaient classer parmi les *rhinencéphales*, c'est-à-dire parmi les montres n'ayant qu'un œil placé au milieu du front (*cyclope*), et ayant un appareil nasal atrophié formant une trompe. Outre cette anomalie parfaitement caractéristique, le fœtus en question était anencéphale ; la moëlle cervicale manquait, et le canal rachidien était ouvert depuis l'occipital jusqu'aux premières vertèbres dorsales, c'est-à-dire qu'il présentait, en outre, les caractères de la dérencéphalie ; mais cette lésion était secondaire, en quelque sorte, en regard des lésions faciales.

M. Aug. Forster, professeur d'anatomie pathologique à Iéna, a publié en 1861 un grand traité in-4° des monstruosités humaines (2). Dans ce volumineux ouvrage qui, croyons-nous, représente l'état de la tératologie en Allemagne, la dérencéphalie n'est pas même mentionnée, et aucune figure ne représente ce vice de conformation.

Un nouveau fait de dérencéphalie vient d'être présenté à la Société obstétricale de Londres par Olivier Barker (3). Ce fait est remarquable en ce que la lésion des centres nerveux et de la colonne cervicale existe indépendamment de toute autre anomalie

(1) A. Bardinet. *Bulletins de la Société anatomique*, 1838, t. XIII, p. 228

(2) Aug. Forster. *Die Missbildungen des Menschen*. In-4° avec atlas.— Iéna, 1861.

(3) Ol. Barker. *Trans. of the Obst. Soc. of London*, 1876, et *Revue des Sciences médicales de Hayem*, 1877, t. X.

apparente ou réelle, comme dans les trois cas de M. V. Portal et dans le mien : ce sont les seuls cas où la classification de la monstruosité ne laisse aucun doute.

Ainsi, la littérature médicale (française, tout au moins) possède dans ses annales la mention de 14 cas de dérencéphalie, savoir :

V. Portal.	3
Lallemand	1
Dubreuil.	1
Et. Geoffroy-St-Hilaire. .	1
Moreau.	1
A. Ollivier	1
Musée Dupuytren (Houel) .	3
A. Bardinet.	1
O. Barker	1
C. Eustache	1
	14

Sur ces 14 cas, neuf fois la dérencéphalie était compliquée d'autres anomalies graves qui auraient pu servir à une détermination tératologique différente : cinq fois seulement les fœtus étaient vraiment et uniquement dérencéphales. Notons, en terminant, que cette monstruosité n'a jamais été signalée parmi les animaux, même dans les familles les plus rapprochées de l'homme. Toutefois, mentionnons le fait d'un fœtus pseudencéphalien thlipsencéphale de veau que Rayer (1) a présenté en 1852 à la Société de Biologie : on sait que les thlipsencéphales sont très-voisins des dérencéphales; mais cette observation est, jusqu'ici, unique (2).

(1) Rayer. *Bulletins de la Société de Biologie*, 1852.

(2) Malgre le petit nombre d'exemples de dérencéphales, les observateurs n'en ont pas moins établi des classifications. M. V. Portal ayant décrit trois cas de dérencéphalie, les a distingués l'un de l'autre par des dénominations différentes, tirées de quelques différences dans la forme de la tête : 1° *Derencephalus longiceps ;* 2° *Derencephalus hamatus ;* 3° *Derencephalus globiceps.* — Déjà M. Et. Geoffroy-St-Hilaire avait distingué la variété *Derencephalus œsophagicus* (Lallemand et Et. Geoffroy-St-Hilaire), dans laquelle les vertèbres étaient divisées en deux moitiés complètement isolées l'une de l'autre, de sorte que sur une étendue plus ou moins considérable de la colonne cervicale, il existait deux demi-rachis, entre lesquels se trouvait logée une partie de l'œsophage. Cette variété a toujours coïncidé avec des lésions multiples et très-étendues.

III.

A. — L'origine des monstruosités a préoccupé de tout temps l'attention des savants et du public ; mais malgré les nombreuses hypothèses, théories et explications qui ont été successivement émises, la question reste encore à résoudre ; notre fait n'apporte aucun élément nouveau de solution à ce problême, ou plutôt ses résultats sont négatifs.

L'imagination de la mère n'a pu intervenir à aucun moment ; les conditions héréditaires etaient complètement nulles ; le genre de vie et les habitudes des parents ne nous indiquent rien ; je ne saurais, en effet, faire intervenir cette cause banale de la misère et des chagrins domestiques, que l'on retrouve partout où l'on n'a pas de bonnes raisons à donner.

La monstruosité a donc procédé d'une altération spontanée de l'embryon. De quelle nature était celle-ci ? Etait-ce *un arrêt de développement ?* Non sans doute, puisque toutes les parties du corps se sont développées normalement, sauf les centres nerveux et les cavités osseuses qui les renferment. La théorie du *balancement des organes* mise en avant par Et. Geoffroy-St-Hilaire, celle du *développement centripète* imaginée par Serres, ne sauraient davantage être discutées.

Dans les cas pareils à ceux qui nous occupent, il n'y a qu'une explication possible : c'est celle qui fait intervenir un état morbide de l'embryon ou des membranes qui le renferment, à un âge plus ou moins avancé de la conception. Or, cet état morbide est loin d'être déterminé, et notre observation ne vient apporter aucune nouvelle preuve.

Et. Geoffroy-St-Hilaire avait admis que les adhérences du

placenta ou des membranes avec l'embryon expliquaient la plupart des monstruosités, et entr'autres l'anencéphalie. M. Houel [1] a repris cette idée ; son mémoire nous intéresse d'autant plus qu'il s'agit de trois fœtus dérencéphales, chez lesquels des adhérences placentaires ou amniotiques avaient été constatées ; mais les faits de V. Portal, ceux d'Ollivier, de Barker et le mien, ne signalent rien de ce genre.

Dareste [2] explique l'anencéphalie par l'hydropisie de l'axe cérébro-spinal; celle-ci, à son tour, serait amenée par l'anémie générale du fœtus, l'*aglobulie*. Cette explication, qui repose sur quelques faits expérimentaux encore incomplets, ne saurait convenir aux cas dans lesquels le fœtus arrive avec un embonpoint considérable, un sang très-rouge. Si l'hydropisie cérébro-spinale est la règle chez les anencéphales, nous ferons observer que, chez notre monstre, cette hydropisie n'existait pas.

Toutefois, c'est là l'opinion qui se rapproche peut-être le plus de la vérité. On ne peut s'empêcher de remarquer que, dans presque toutes les observations d'anencéphalie, il y avait une exagération notable du liquide amniotique, un véritable *hydramnios*. Cette coïncidence remarquable semble nous indiquer que l'altération morbide des membranes de l'œuf, se développant dans des conditions et sous des influences inconnues, pourrait bien être le point de départ des lésions anencéphaliques. Cependant le problême est loin d'être résolu, si toutefois il peut l'être jamais.

B. — L'anencéphalie ne semble avoir aucune influence réelle sur la marche de la grossesse et de l'accouchement, et le plus souvent, pour ne pas dire toujours, la lésion n'est soupçonnée et ne peut être diagnostiquée que pendant la dernière période du travail, alors que les membranes sont rompues et que la présentation est complètement accessible.

La marche de la grossesse n'est point entravée ; elle est pourtant traversée par des incidents qui se rencontrent presque toujours : le ventre est douloureux, de bonne heure il est très-volumineux, et l'on soupçonne plus souvent une grossesse gémellaire qu'une monstruosité ; on a prétendu qu'à un certain moment, le plus souvent vers le troisième mois, il survenait un malaise et des dou-

(1) Houel. *Mémoires de la Société de Biologie*, 1857.

(2) Dareste. *Comptes-Rendus de la Société de Biologie*, 1866, p. 100.

leurs plus considérables, et que c'était à cette époque que se produisaient les lésions; il est bien difficile d'avoir des renseignements précis à cet égard.

La grossesse suit son cours et arrive le plus généralement à terme; toutefois, l'accouchement est assez souvent avancé de huit, quinze jours ou un mois, soit sous l'influence de la mort prématurée du fœtus, soit sous l'influence de la distension considérable de la matrice par les eaux de l'amnios.

L'accouchement n'est également que peu ou point modifié, et cela se comprend aisément, le fœtus se trouvant réduit dans ses diamètres céphaliques et l'expulsion se trouvant facilitée plutôt qu'entravée. Les premières périodes du travail sont retardées par suite de l'hydramnios et du défaut d'adaptation de la tête au détroit supérieur; l'engagement et l'expulsion sont, au contraire, hâtés par la rupture de la poche des eaux, les parties étant entraînées par le flot considérable du liquide.

On comprend toutes les erreurs de diagnostic que peut amener le toucher des parties anormales, d'autant plus que l'attention ne saurait aller au devant de pareils faits. Dans notre cas, on avait diagnostiqué une présentation de la face, et l'erreur ne fut reconnue qu'après l'expulsion complète de la tête. D'autres fois, on avait confondu l'anomalie avec une présentation du siége [1]. Je ne connais qu'un fait dans lequel la monstruosité ait été diagnostiquée, paraît-il, six jours avant l'accouchement [2] : voici à quels caractères: *saillie considérable des yeux, forme fuyante du front, inégalités, éminences anormales au-dessus de cette dernière partie, et surtout mouvements saccadés de la tête sur le doigt explorateur.* Je doute fort que, malgré la précision de ces caractères, on puisse les saisir avant la rupture des membranes et l'entier engagement de la tête. Il résulte, en effet, de tout ce qui précède, que l'anencéphalie, comme toutes les monstruosités partielles, étant très-rare et n'étant caractérisée par aucun signe réel, viendra toujours surprendre péniblement et la mère et le praticien qui l'assiste.

---

(1) Olier (d'Orléans). *Bulletin de la Société de Biologie*, 1850. — Chantreuil. *Bulletins de la Société anatomique*, 1868.

(2) E. Dubois. *Bulletins de la Société analomique*, 1867.

EXPLICATION DE LA PLANCHE :

Fig. I. — Fœtus anencéphalien dérencéphale, vu de face (grandeur, 1/3).

Fig. II. — Base du crâne, vue par sa face supérieure (grandeur naturelle) : **AA**, os frontaux dont le retrait en arrière permet de voir la cavité de l'orbite. — **B C C D**, sphénoïde : le corps B est surmonté d'un rudiment de *lame quadrilatère*, et plus en avant des petites ailes recourbées en forme de croissant (D) qui forment l'*os ingrassial* : **C C**, grandes ailes. — **E E J J**, temporaux : sur le rocher **E E** on voit l'orifice très-élargi des conduits auditifs internes **F F**; les petites lamelles osseuses **J J** représentent les vestiges de la portion écailleuse. — **G H H I I**, occipital, qui se décompose en cinq os : **G**, *os basilaire* ; **H H**, *os occipitaux externes*, sur lesquels on voit l'orifice des trous condyliens antérieurs; **I I**, *sus-occipitaux*, ou portion écailleuse modifiée.

Fig. III.— Vue de profil de la face et du crâne (grandeur naturelle).

Fig. IV.— Colonne vertébrale vue par derrière (grandeur naturelle).

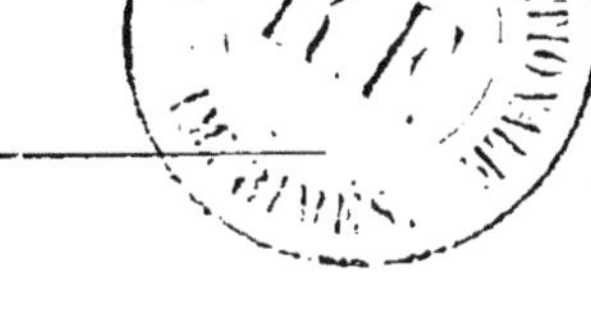

Lille-Imp. L. Danel

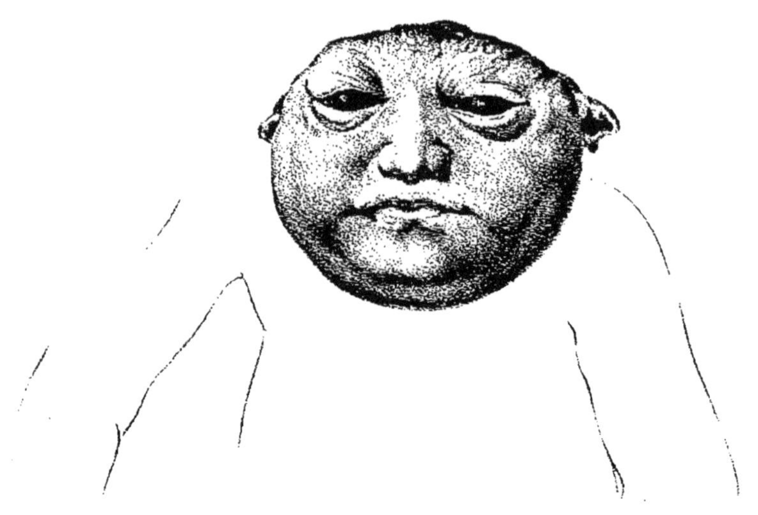

Fig. I

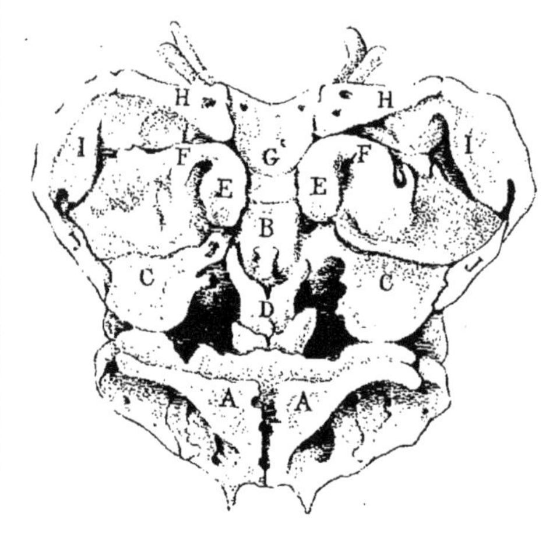

Fig. II

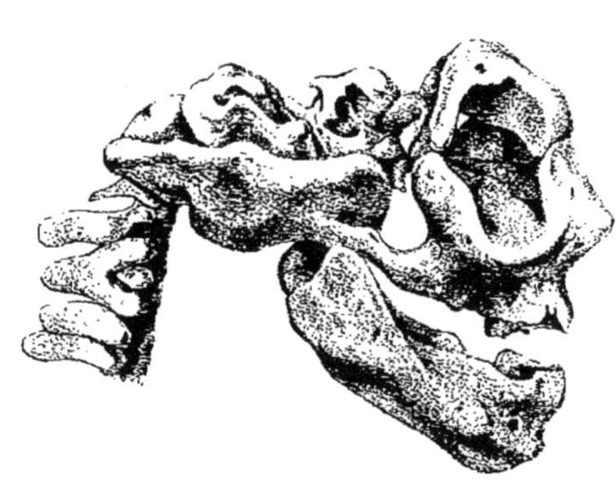

Fig. III

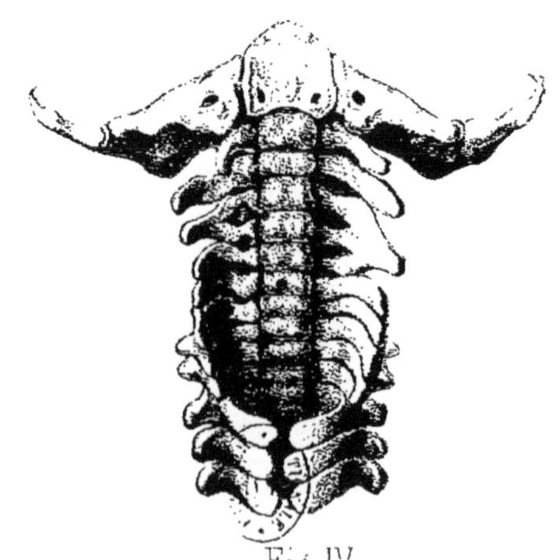

Fig. IV

V. Demandre ad nat. del.

Arnoul lith.

www.ingramcontent.com/pod-product-compliance
Ingram Content Group UK Ltd.
Pitfield, Milton Keynes, MK11 3LW, UK
UKHW021938200726
13855UKWH00007B/1577

9 782013 092708